U0037572

鬆軟可口！
杯子蒸麵包

AKEMI・KOMATSUZAKI 著　藍嘉楹 譯

「杯子蒸麵包」造型可愛、誘人食慾，作法超Easy!
隨心所欲點綴造型，變換餡料…，開心享受創作樂趣。
請快來親自體驗蒸麵包的百變魅力吧！

首先在蛋裡加入砂糖、低筋麵粉、發粉、牛奶、沙拉油。
只需將上述6種材料攪拌均勻，再放進杯模容器蒸熟即可的杯子蒸麵包，
是一款簡單兼具美味的輕食。
不需要特殊工具和高明的技巧，當然也不用擔心會失敗。
只要更換裡面的餡料，或者改變麵粉、水分、油脂的比例或種類，
就能變換出無窮的好滋味。

而且蒸麵包的模子不一定要用布丁杯模，所以很容易做出各種變化。
如果做得大一點，拿來當作招待客人的糕點也很稱頭。
因為蒸的時間較久，所以外皮的質地顯得更加細緻，吃起來濕潤綿密。
做得迷你一點的話，就是吃起來毫無負擔的小點心。
蒸的時間比較短，所以品嚐得到充滿氣泡的鬆軟口感。

製作蒸麵包的第一步是把水燒開。

接著量好每一種材料的分量。攪拌均匀後，裝入模子。

最後放進熱氣氤裊的鍋内或蒸籠，蓋上鍋蓋。接下來就只需靜心等待了。

大約需要12～15分鐘才能蒸好；利用這段時間，剛好可以善後收拾。

才嘟囔著「好想吃蒸麵包喔！」，20分鐘之後，

就可以從熱騰騰的裊裊蒸氣中，看到鬆軟誘人的蒸麵包啦。

用於本書的工具及製作上的重點

- 計量器具方面，1杯＝200ml、1大匙＝15ml、1小匙＝5ml。
- 加入麵糊的水分（牛奶、果汁等）單位是「ml」，如果要量得更加精確，請換算成「1ml=1g」。
- 微波爐的加熱時間以功率600W為基準。如果是500W，就延長為1.2倍；700W的話，就縮短為0.8倍。此外，所需加熱時間可能因機種而異，請依照成品的狀態自行斟酌。
- 如果使用水分容易滲入的模子、即使放進麵糊還是會浮起來的輕質模子、沒有底部的蛋糕模等，請使用放了蒸盤（參照p7）的鍋子或蒸籠等。
- 如果使用的模子較大，需要較久的時間才能蒸熟，可視情況在中途補充減少的熱水。

contents

前言 • 2
基本工具 • 6
基本材料 • 7
杯子蒸麵包的基本作法 • 8
本書的使用方法 • 10

PART 1 使用單一麵糊即可！用原味麵糊變化出各種蒸麵包！ • 11

+vegetable
地瓜蒸麵包 • 12
洋蔥&培根蒸麵包 • 14
豌豆蒸麵包 • 14
+fruit
香蕉&核桃蒸麵包 • 16
焦糖蘋果蒸麵包 • 18
藍莓蒸麵包 • 18
+dried fruit & nut
橘皮腰果蒸麵包 • 20
+herb & spice
羅勒橄欖蒸麵包 • 22
西班牙臘腸咖哩蒸麵包 • 22
+cheese
煙燻起士毛豆蒸麵包 • 24
起士風乾蕃茄蒸麵包 • 24
+Japanese style
紅豆柚子蒸麵包 • 26
鹽味昆布蒸麵包 • 26
+various
各式淋餡蒸麵包 • 28
美乃滋鮪魚蒸麵包・蕃茄醬蒸麵包・洋蔥絲蒸麵包
鮭魚鬆蒸麵包・香鬆蒸麵包・海苔蒸麵包

PART 2 享受風味和口感的變化！以各種粉類來做蒸麵包吧！ • 32

whole wheat flour
芝麻全麥蒸麵包 • 34
rice flour
酸奶油果醬米粉蒸麵包 • 36
芒果椰子米粉蒸麵包 • 36
cornmeal
香濃玉米蒸麵包 • 38
soba
味噌黃豆蕎麥粉蒸麵包 • 40
蘿蔔乾蕎麥粉蒸麵包 • 40
shiratamako
烤雞丁白玉粉蒸麵包 • 42

COLUMN

靈活利用家中現有各種道具！
蒸麵包的
秘訣&道具 • 30

最適合搭配口味單純的蒸麵包！
做法簡單的手工果醬 • 44

沒有布丁杯模也沒關係！
可以用來製作蒸麵包的
各種模子 • 66

加熱時間1分半。
只要微波爐一按就大功告成了！
微波爐蒸麵包 • 84

PART 3 在水分、砂糖的種類、配料多下點工夫！別出心裁的蒸麵包 • 46

butter & fresh cream 特級綿柔蒸麵包 • 48
juice or tea 蕃茄汁蒸麵包 • 50
奶茶白巧克力蒸麵包 • 50
various sugar 黑糖芒果乾蒸麵包 • 52
紅糖甘栗蒸麵包 • 52
cream cheese 奶油起士蒸麵包 • 54
green tea or cocoa 抹茶甘納豆蒸麵包 • 56
可可亞棉花糖蒸麵包 • 56
soymilk & tofu 豆漿豆腐蒸麵包 • 58
marble 黑糖蜜栗大理石蒸麵包 • 60
vegetable paste 南瓜肉桂蒸麵包 • 62
with rice 蕃茄醬米飯蒸麵包 • 64

PART 4 先讓麵糊發酵再蒸 用中式包子麵糰來做蒸麵包吧！ • 68

中式包子麵糰的基本作法 • 70
Chinese simple bun 三色花捲 • 72
rolled bun 2種捲心蒸麵包 • 74
sausage roll 軟綿熱狗捲 • 76
Chinese bun 基本款中式包子～甜餡包&肉包～ • 78
fried Chinese bun 蝦仁韭菜煎包 • 80
various 包好就可以下鍋的迷你蒸麵包 • 82
泡菜&魷魚絲蒸麵包・花生奶油蒸麵包・煮豆蒸麵包
鮪魚玉米蒸麵包・肉丸蒸麵包・果醬蒸麵包
鹽味昆布蒸麵包・咖哩蒸麵包

PART 5 花點時間裝飾 花式蒸麵包&奢華風蒸麵包 • 86

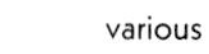

various 色彩繽紛的花式蒸麵包 • 88
cube snack 一口蒸麵包 • 90
tiramisu 提拉米蘇風蒸麵包 • 92
pizza toast 蒸麵包披薩吐司 • 94

基本工具

製作蒸麵包並不需要任何特殊的道具。
連裝入麵糊的模子，也可以用手邊現有的容器代替！

碗

如果只是要製作基本的蒸麵包，準備1個碗就夠了。最好選擇尺寸大一點的碗，比較有穩定感。

打蛋器

用來將材料攪拌均勻的道具。大一點的尺寸攪拌起來比較順手。

細篩網

用來過篩粉類。也可以當作手搖粉篩使用。

磅秤

用來測量粉類等材料的重量。選擇附帶有自動扣掉容器重量功能的機種比較方便。

量杯

用來計量牛奶等水分的杯子。如果不用量杯，也可以用磅秤計量（＊）。

量匙

少量食材的計量工具。大小有兩種，1大匙是15ml，1小匙是5ml。

模子

使用金屬製的布丁杯模時，在裡面鋪上紙杯是基本原則。如果不用布丁杯模，也還有各種可以替用的模子。

抹布

把麵糊蒸熟的時候，為了避免水珠滴到麵糊，用來包覆鍋子或蒸籠蓋子的道具。

＊本書將加入麵糰的水分（牛奶、果汁等）換成為「1ml＝1g」。

基本材料

只要利用廚房常備的材料，想吃的時候就能立刻動手！
即時、方便，正是蒸麵包的魅力所在。

麵粉

基本上使用的是適合製作點心的低筋麵粉。製作必須先讓麵糰發酵的中式包子時，也會用到低筋麵粉。

蛋

讓蒸麵包膨鬆起來的幕後功臣。本書用的是「L」大小的蛋。

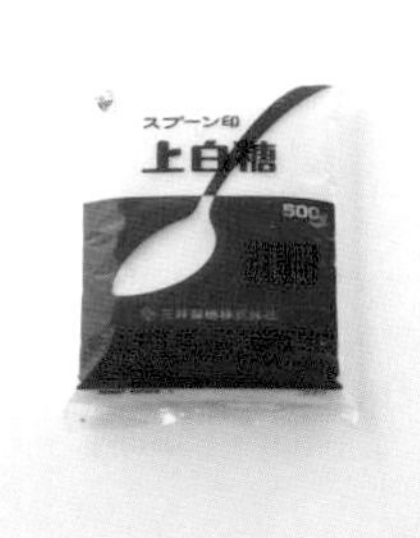

砂糖

可增添麵糊的甜味和濕潤感。若看到材料出現「砂糖」，請選用特級砂糖（日本上白糖）。

牛奶

除了增加麵糊的濕潤度，也能賦予風味和香醇度。也可以用果汁取代，變化出更多口味。

發粉

主成分是小蘇打粉，另添加氧化劑等物。如果少了它，蒸麵包就膨脹不起來了。

沙拉油

作用是增添麵糊的濕潤度和光澤。

即使沒有蒸籠也做得起來！

如果用的是布丁模等金屬或陶製模，只用鍋子就能做出蒸麵包（參照p8～9）。若用的是紙質或木製等易滲水的材質、無底部的蛋糕模或者會浮在水面的輕質模子，記得先在鍋內放入蒸盤或蒸籠再蒸喔。

蒸盤

把鍋子當作蒸籠使用時的專用道具。材質有不銹鋼和矽膠製兩種。

原味麵糊也是花式蒸麵包的基底

杯子蒸麵包的基本作法

首先把蛋打進碗裡，用打蛋器打散。接著倒入砂糖，一樣用打蛋器攪勻。原味蒸麵包的作法，基本上只需把材料攪拌均勻。

接著再把材料倒進模內蒸熟就大功告成了！只要學會基本麵糊的作法，就可以隨意加入喜歡的食材做變化了。

材料（**4**個份） 使用的模子：直徑7cm×深3cm的布丁模

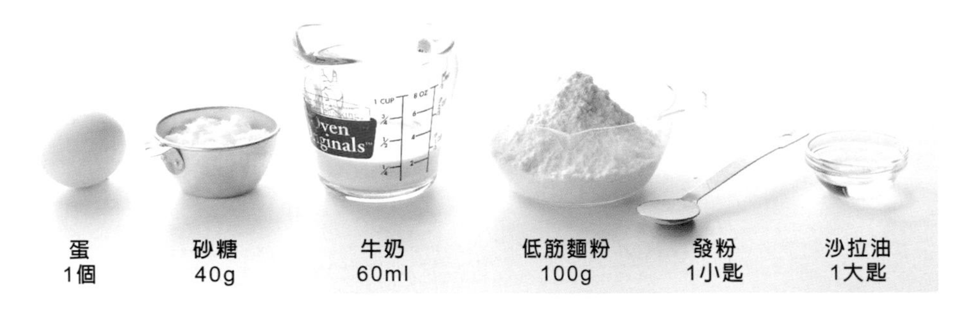

作法

1 攪拌蛋液和砂糖

把蛋打進碗裡打散，倒進砂糖攪拌均勻。

2 加入牛奶

全部拌勻以後，加入牛奶攪拌。

3 倒入麵粉

混合低筋麵粉和發粉一起過篩後，加入 **2** 攪拌均勻。

4 倒入沙拉油

將全體和勻後加入沙拉油，攪拌至光滑平整、無顆粒殘留的程度。

5 裝入杯模

把麵糊倒進裝了紙杯的布丁模。大約只要裝到7～8分滿就可以了。

＊沒有布丁模的時候→p66 go！

→

6 放入鍋內蒸熟

把裝了麵糊的模子放入鍋內排好，注入高度約及模子一半的熱水。蓋上包了布巾的鍋蓋，用中火蒸12～15分鐘。時間到了以後，用竹籤刺穿進去再拔出來，如果完全沒有沾黏，代表已經完成！

＊想使用鍋子之外的蒸器時→p30 go！

如果使用的是材質容易滲水的模子，記得先在鍋內放入蒸盤。

充滿手作感的

樸質蒸麵包。

飽足感十足，

當正餐也很合適！

本書的使用方法

只要**1.2.3** 簡單3步驟！

蒸麵包的作法，原則上可歸納為以下3個步驟。如果要在麵糊加入已加熱的食材，請完全放涼再混入。

1 準備
意即混入或鋪於麵糊的食材的前置準備步驟。
2 麵糊
製作蒸麵包最基本的麵糊攪拌程序。
3 蒸熟
把麵糊裝入模子再蒸的步驟。

中式包子的作法，原則上可歸納為以下3個步驟。
1 準備
意即餡料食材的前置作業步驟和麵糰製作的程序。
2 塑型
整理麵糰的形狀，再包入餡料的步驟。
3 蒸熟
把包子蒸熟的步驟。

「**Change**！」的專欄中，會介紹適合替換的食材。在每一頁的尾聲「change！」單元中，都會介紹適合替換的食材。份量如無特別說明，請準備和原始食材相同的份量。

PART1～3的食譜，份量都是**4～5**個布丁模。
即使是使用非布丁模製作的蒸麵包，若裝入本書使用的直徑7cm×深3cm的布丁模，份量大約都相當於4～5個布丁模（如果沒有混入較佔體積的食材就是4個；若有混入，就是5個）。

使用單一麵糊即可！

用原味麵糊變化出各種蒸麵包！

只要是自己喜歡的食材，無論是蔬菜、
水果還是堅果等等，都可以包進麵糊裡或放在上面。
添加不同食材，
味道也會跟著改變。
作法簡單，變化無窮，你也趕快來試試！

地瓜蒸麵包

材料（5個份）
使用的模子：直徑7cm×深3cm的布丁模

基本麵糊
- 蛋　1個
- 砂糖　40g
- 牛奶　60ml
- 低筋麵粉　100g
- 發粉　1小匙
- 沙拉油　1大匙

地瓜　80g
黑芝麻　2小匙

作法

1 準備
將地瓜連皮切成1cm小塊。放入耐熱容器排好，鋪上沾水的廚房紙巾，再用保鮮膜包起來，微波加熱1分鐘。加熱完成後，先把少量裝飾用的地瓜另外收好。

2 麵糊
依照p8～9的1～4步驟製作基本麵糊，混入地瓜和黑芝麻攪拌均勻。

3 蒸熟
把麵糊倒進裝了紙杯的布丁模，放上裝飾用的地瓜塊，以中火蒸12～15分鐘。

change!

地瓜
→ 紅蘿蔔、南瓜、馬鈴薯、青花椰

紅蘿蔔、南瓜、馬鈴薯的作法和地瓜一樣。青花椰先分成小株，無需先加熱就可以混入麵糊。

豌豆蒸麵包

洋蔥＆培根蒸麵包

洋蔥培根蒸麵包

材料（5個份）
使用的模子：直徑7cm×深3cm的布丁模

基本麵糊
- 蛋 1個
- 砂糖 40g
- 牛奶 60ml
- 低筋麵粉 100g
- 發粉 1小匙
- 沙拉油 1大匙

洋蔥 ½個（約90g）
培根 2片（約40g）
沙拉油 1小匙
鹽、黑胡椒 各少許

作法

1 準備
將洋蔥切成薄片，培根切成細絲。在熱鍋內倒進沙拉油，放入洋蔥和培根拌炒，再以鹽和黑胡椒調味。

2 麵糊
依照p8～9的1～4步驟製作基本麵糊，混入1攪拌均勻。

3 蒸熟
把麵糊倒進裝了紙杯的布丁模，撒上黑胡椒，以中火蒸12～15分鐘。

change!
洋蔥 → 馬鈴薯
馬鈴薯也切成1cm小塊，和洋蔥一樣拌炒後混入麵糊。

豌豆蒸麵包

材料（5個份）
使用的模子：直徑7cm×深3cm的布丁模

基本麵糊
- 蛋 1個
- 砂糖 40g
- 牛奶 60ml
- 低筋麵粉 100g
- 發粉 1小匙
- 沙拉油 1大匙

豌豆（冷凍） 100g
沙拉油 2大匙
鹽、蒜粉 各少許

作法

1 準備
在熱鍋內倒進沙拉油，用小火將豌豆慢慢炒熟。等到表面微微出現焦色，撒入鹽和蒜粉調味。先把少量裝飾用的豌豆另外放好。

2 麵糊
依照p8～9的1～4步驟製作基本麵糊，混入豌豆攪拌均勻。

3 蒸熟
把麵糊倒進裝了紙杯的布丁模，放上裝飾用的豌豆，以中火蒸12～15分鐘。

change!
豌豆 → 玉米、毛豆等
冷凍或罐頭玉米、已剝莢的水煮毛豆，都可以略微炒過再拌入麵糊。

RHOD
CRIST
NACRE

香蕉&核桃
蒸麵包

材料（5個份）
使用的模子：直徑7cm×深3cm的布丁模

基本麵糊
- 蛋　1個
- 砂糖　40g
- 牛奶　60ml
- 低筋麵粉　100g
- 發粉　1小匙
- 沙拉油　1大匙

香蕉　½條（約80g）
核桃　20g

作法

1 準備
把香蕉切成1cm小塊。將核桃放進150℃的烤箱烤8～10分鐘（烤到中心處出現淺淺的焦色）。先把少量裝飾用的核桃另外放好。

2 麵糊
依照p8～9的1～4步驟製作基本麵糊，混入香蕉和核桃攪拌均勻。

3 蒸熟
把麵糊倒進裝了紙杯的布丁模，放上裝飾用的核桃，以中火蒸12～15分鐘。

change!

香蕉 → 橘子、藍莓、草莓

橘子剝皮、撕掉纖維以後，和香蕉一樣切成小塊再加入麵糊。

藍莓蒸麵包
焦糖蘋果蒸麵包

焦糖蘋果蒸麵包

材料（5個份）
使用的模子：直徑7cm×深3cm的布丁模

基本麵糊
- 蛋　1個
- 砂糖　40g
- 牛奶　60ml
- 低筋麵粉　100g
- 發粉　1小匙
- 沙拉油　1大匙

蘋果　½ 個（約100g）
奶油　5g
砂糖　20g
（憑個人喜好）白蘭地　½ 大匙

作法

1 準備　把蘋果連皮切成1cm小塊。用奶油熱鍋後，放入蘋果，以大火快炒。倒入砂糖拌炒，直到蘋果上色。最後加入白蘭地，關火。將少量裝飾用的蘋果另外放好。

2 麵糊　依照p8～9的 **1** ～ **4** 步驟製作基本麵糊，加入蘋果攪拌均勻。

3 蒸熟　把麵糊倒進裝了紙杯的布丁模，放上裝飾用的蘋果，以中火蒸12～15分鐘。

change!

蘋果 → 香蕉、洋梨、水果罐頭

如果使用水果罐頭，要先把湯汁瀝乾再炒。

藍莓蒸麵包

材料（5個份）
使用的模子：直徑7cm×深3cm的布丁模

基本麵糊
- 蛋　1個
- 砂糖　40g
- 牛奶　60ml
- 低筋麵粉　100g
- 發粉　1小匙
- 沙拉油　1大匙

藍莓　60g
奶油　10g
砂糖　20g
葛拉翰脆餅（全麥餅乾）或消化餅　20g

作法

1 準備　把奶油放進平底鍋加熱，融化後，放入藍莓用大火拌炒，以砂糖調味。炒至砂糖略為出現焦色，關火。先將少量裝飾用的藍莓另外放好。

2 麵糊　依照p8～9的 **1** ～ **4** 步驟製作基本麵糊，混入藍莓攪拌均勻。

3 蒸熟　把麵糊倒進裝了紙杯的布丁模，放上裝飾用的藍莓和葛拉翰脆餅屑，以中火蒸12～15分鐘。

change!

藍莓 → 美國櫻桃、草莓

把美國櫻桃對切成兩半，去籽；將草莓切成容易食用的大小再放入鍋內拌炒。

什麼是葛拉翰脆餅（Graham Crackers）？

以全麥製成的餅乾。廠牌很多，但不論是哪一種牌子，「原材料名」都會標示「全麥麵粉」。這種餅乾的特色是含油量較低，口感酥脆。

橙皮腰果
蒸麵包

材料（5個份）
使用的模子：直徑7cm×深3cm的布丁模

基本的麵糊
- 蛋　1個
- 砂糖　40g
- 牛奶　60ml
- 低筋麵粉　100g
- 發粉　1小匙
- 沙拉油　1大匙

橘皮　20g
腰果（烤過的）　20g

作法

1 準備
將橘皮切成細絲，腰果切成碎塊。兩者都各取少許另外收起，當作裝飾之用。

2 麵糊
依照p8～9的1～4步驟製作基本麵糊，混入橘皮和腰果攪拌均勻。

3 蒸熟
把麵糊倒進裝了紙杯的布丁模，放上裝飾用的橘皮和腰果，以中火蒸12～15分鐘。

change!

橘皮 → 葡萄乾、檸檬皮、棗乾

把自己喜歡的果乾切成容易食用的大小，種類不拘。和橘皮一樣，都可以摻在麵糊裡。

羅勒橄欖蒸麵包

西班牙臘腸咖哩蒸麵包

羅勒橄欖蒸麵包

材料（4個份）
使用的模子：直徑7cm×深3cm的布丁模

基本麵糊
- 蛋 1個
- 砂糖 40g
- 牛奶 60ml
- 低筋麵粉 100g
- 發粉 1小匙
- 沙拉油 1大匙

羅勒葉（乾燥） ½ 小匙
黑橄欖（去籽） 40g

作法

1 準備 將黑橄欖輪切成薄片，再拿出少量裝飾之用的薄片另外收好。

2 麵糊 依照p8～9的 1 ～ 4 步驟製作基本麵糊，混入黑橄欖和羅勒攪拌均勻。

3 蒸熟 把麵糊倒進裝了紙杯的布丁模，放上裝飾用的黑橄欖，以中火蒸12～15分鐘。

change!

羅勒 →
奧勒岡葉、荷蘭芹
種類不拘，只要是乾燥香料都可以使用。

西班牙臘腸咖哩蒸麵包

材料（4個份）
使用的模子：直徑7cm×深3cm的布丁模

基本麵糊
- 蛋 1個
- 砂糖 40g
- 牛奶 60ml
- 低筋麵粉 100g
- 發粉 1小匙
- 沙拉油 1大匙

咖哩粉 1小匙
起士粉 適量
西班牙臘腸 40g

作法

1 準備 把西班牙臘腸輪切成薄片，再將少量裝飾用的臘腸另外放好。

2 麵糊 依照p8～9的 1 ～ 4 步驟製作基本麵糊，混入臘腸和咖哩粉攪拌均勻。

3 蒸熟 把麵糊倒進裝了紙杯的布丁模，放上裝飾用的臘腸和撒上一小撮咖哩粉，以中火蒸12～15分鐘。

change!

咖哩粉 →
甜椒粉、孜然粉、辣椒粉
想替麵皮上色的話就用甜椒粉；想增添香味或辣味的話，就加入少量孜然粉或辣椒粉。

煙燻起士毛豆
蒸麵包

起士風乾蕃茄
蒸麵包

煙燻起士毛豆蒸麵包

材料（5個份）
使用的模子：直徑7cm×深3cm的布丁模

基本麵糊
- 蛋　1個
- 砂糖　40g
- 牛奶　60ml
- 低筋麵粉　100g
- 發粉　1小匙
- 沙拉油　1大匙

煙燻起士　30g
毛豆　40g（剝好豆莢）

作法

1 準備　把煙燻起士切成1cm小塊；毛豆汆燙後，將豆仁從豆莢剝出。分別取出少量另外放好，作為裝飾之用。

2 麵糊　依照p8～9的 1 ～ 4 步驟製作基本麵糊，混入煙燻起士和毛豆攪拌均勻。

3 蒸熟　把麵糊倒進裝了紙杯的布丁模，放上裝飾用的煙燻起士和毛豆，以中火蒸12～15分鐘。

change!

毛豆 → 綠蘆筍、四季豆
略為汆燙後，切成容易食用的大小，再加入麵糊。

起士風乾蕃茄蒸麵包

材料（5個份）
使用的模子：直徑7cm×深3cm的布丁模

基本麵糊
- 蛋　1個
- 砂糖　40g
- 牛奶　60ml
- 低筋麵粉　100g
- 發粉　1小匙
- 沙拉油　1大匙

披薩用起士　20g
風乾蕃茄　20g

作法

1 準備　將風乾蕃茄切成粗末，取出少量裝飾用的番茄另外放好。

2 麵糊　依照p8～9的 1 ～ 4 步驟製作基本麵糊，加入風乾蕃茄攪拌均勻。

3 蒸熟　把麵糊倒進裝了紙杯的布丁模，在每一個模子的正中央撒上等量的披薩用起士，再放上裝飾用的風乾蕃茄。以中火蒸12～15分鐘。

什麼是風乾蕃茄？
乾燥的成熟蕃茄。這次使用的是以橄欖油醃漬的淺漬蕃茄。如果要使用風乾蕃茄，請先用熱水泡軟再切成小塊。

紅豆柚子
蒸麵包

鹽味昆布
蒸麵包

紅豆柚子蒸麵包

材料（5個份）
使用的模子：直徑7cm×深3cm的布丁模

基本麵糊
- 蛋　1個
- 砂糖　40g
- 牛奶　60ml
- 低筋麵粉　100g
- 發粉　1小匙
- 沙拉油　1大匙

水煮紅豆（罐頭）　40g
柚子皮　少許

作法

1 準備　把柚子皮切成細絲。

2 麵糊　依照p8～9的 1 ～ 4 步驟製作基本麵糊。

3 蒸熟　把麵糊倒進裝了紙杯的布丁模，在每一個模子的正中央放上等量的水煮紅豆。鋪上柚子皮後，以中火蒸12～15分鐘。

change!

水煮紅豆 → 煮過的豆子
方法和紅豆一樣，可以任選喜歡的豆子（市售的現成品）和入麵糊。

鹽味昆布蒸麵包

材料（5個份）
使用的模子：直徑7cm×深3cm的布丁模

基本麵糊
- 蛋　1個
- 砂糖　40g
- 牛奶　60ml
- 低筋麵粉　100g
- 發粉　1小匙
- 沙拉油　1大匙

鹽味昆布　10g

作法

1 準備　準備的鹽味昆布如果很長，先切成容易食用的長短。

2 麵糊　依照p8～9的 1 ～ 4 步驟製作基本麵糊，混入鹽味昆布攪拌均勻。

3 蒸熟　把麵糊倒進裝了紙杯的布丁模，以中火蒸12～15分鐘。

change!

鹽味昆布 → 梅子
先將梅子去籽，切碎後再混入麵糊。

各式淋餡蒸麵包

使用的模子：直徑7cm×深3cm的布丁模

依照p8～9的1～4步驟製作基本麵糊，再把麵糊倒進裝了紙杯的布丁模。鋪上以下介紹的各種材料後，以中火蒸12～15分鐘。

美乃滋鮪魚蒸麵包

放上1小匙鮪魚罐頭和少許美乃滋。

蕃茄醬蒸麵包

擠上1小匙蕃茄醬。

洋蔥絲蒸麵包

鋪上1小匙洋蔥絲和少許切成細末的荷蘭芹。

鮭魚鬆蒸麵包

鋪上1小匙鮭魚鬆。

香鬆蒸麵包

鋪上1小撮口味任選的香鬆。

海苔蒸麵包

鋪上1小匙海苔醬。

靈活地利用家中現有的各種道具！

蒸麵包的秘訣&道具

可以把麵包蒸熟的道具，
不是只有蒸籠。
如果使用金屬材質的模子，
只用一個鍋子也OK。
紙製或木製等其他材質的話，
先放一塊蒸板再蒸就很方便了。

基本的蒸法

1 等到冒出大量的蒸氣才開始蒸。
2 為了防止水滴到蒸麵包，鍋蓋或蒸籠蓋要用布巾包好。
3 使用大型模子時，需要較久的時間才能蒸好，所以必須隨時檢查熱水量。當熱水減少了，要馬上補充。

用鍋子蒸！

[如果是金屬材質的鍋具]

●蒸法

把模子放入鍋內，注入高度約及模子一半的熱水。再用布巾將鍋蓋包好就可以蒸了。在模子放入鍋內之前就加熱水；或加入冷水，再把水煮開也不是不行，但後加熱水的作法比較容易調節水量。

●重點&注意事項

如果熱水的量太多，多餘的熱水可能會在沸騰的過程中滲入模子裡，必須特別留意。

[如果是材質容易滲水、材質很輕、沒有底部的蛋糕模等模具]

●蒸法

配合蒸板的高度注入適量的水，沸騰後，將模子置於蒸板之上，用布巾包住鍋蓋就可以蒸了。

●重點&注意事項

可以放入鍋內的水（熱水）量會受到蒸板「腳長」的限制，所以蒸的時間如果很長，必須在途中補充熱水。

用專用蒸鍋蒸！

●蒸法

下層的鍋裝水至5～6分滿，點火加熱至完全沸騰。疊上裝了模子的上層鍋具，用布巾包住鍋蓋就可以蒸了。

●重點&注意事項

因為下層可以裝的水量很充足，即使蒸的時間很久，也不必在途中補充熱水。

用蒸籠蒸！

●蒸法

準備大小可以和蒸籠完全相疊的鍋子，裝水至7～8分滿，點火加熱至完全沸騰。再疊上裝了模子的蒸籠，蓋上鍋蓋就可以蒸了。

●重點&注意事項

蒸籠所產生的蒸氣不會太多，也不算太少，所以不必用布巾包住蓋子。如果能多準備幾個尺寸相同的蒸籠，可以一次蒸很多。

PART 2

享受風味和口感的變化！

以各種粉類來做蒸麵包吧！

蒸麵包最常見的材料是麵粉；但是，運用其他粉類，也能做出好吃的成品。
依原料種類及碾製方式的不同，
呈現出來的香氣和味道也大異其趣。
只要更換麵粉的種類，就能變化出各種充滿特色的口味。

Dixie
Dixie
Dixie

芝麻全麥蒸麵包

材料（6個份）
使用的模子：直徑7cm的矽膠甜甜圈模

全麥麵糊
- 蛋　1個
- 砂糖　40g
- 牛奶　60ml
- 全麥麵粉（細輾）　100g
- 發粉　1小匙
- 沙拉油　1大匙

白芝麻　2大匙
沙拉油（塗抹在模子之用）　適量

作法

1 準備
在模子內塗抹沙拉油，撒上半數的白芝麻。全麥麵粉不必過篩，直接倒入碗中，再加入發粉攪拌均勻。

2 麵糊
依照p8～9的1～4步驟（在步驟3以混合好的全麥麵粉和發粉取代一般麵粉），製作基本麵糊。

3 蒸熟
麵糊倒進模1，撒上剩下的芝麻，以中火蒸12～15分鐘。

change!

芝麻 → 核桃、榛果
如果買生的，先放進150℃烤箱烤8～10分（直到中心出現淺焦色）。烤好後，剁成碎塊混入麵糊。

全麥麵粉是什麼樣的麵粉？
碾製時保留小麥表皮和胚芽的麥粉。顆粒粗細隨廠牌而定，較粗的更能品嚐到小麥風味。這次使用的是較細的種類（細輾．右照）。若想使用較粗的種類（粗輾．左照），可把一半份量換成低筋麵粉。

酸奶油果醬米粉蒸麵包
芒果椰子米粉蒸麵包

酸奶油果醬米粉蒸麵包

材料（5個份）
使用的模子：直徑7cm×深3cm的布丁模

米粉的米糊
- 蛋　1個
- 砂糖　40g
- 牛奶　60ml
- 蓬萊米粉　100g
- 發粉　1小匙
- 沙拉油　1大匙

酸奶油　50g
杏桃果醬　50g

作法

1 準備　將酸奶油和果醬輕輕混合。

2 麵糊　依照p8～9的1～4步驟（把低筋麵粉換成米粉）製作米糊。

3 蒸熟　把米糊倒進裝了紙杯的布丁模，在每一個模子的正中央放上等量的1。用中火蒸12～15分鐘。

change!

杏桃果醬 → 喜歡的果醬、小紅莓乾

果醬的口味不拘，什麼種類都可以放。或者改加接近2大匙的小紅莓乾。

芒果椰子米粉蒸麵包

材料（5個份）
使用的模子：直徑7cm×深3cm的布丁模

米粉的米糊
- 蛋　1個
- 砂糖　40g
- 牛奶　60ml
- 蓬萊米粉　100g
- 發粉　1小匙
- 沙拉油　1大匙

芒果　80g
椰子絲　10g

作法

1 準備　把芒果切成1cm小塊。用140℃的烤箱烤8～10分鐘（稍微上色即可）。

2 麵糊　依照p8～9的1～4步驟（把低筋麵粉換成米粉）製作米糊，加入芒果塊攪拌均勻。

3 蒸熟　把米糊倒進裝了紙杯的布丁模，鋪上等量的椰子絲。用中火蒸12～15分鐘。

change!

芒果 → 鳳梨

瀝乾水分後切成容易食用的大小，和芒果一樣直接混入米糊。

所謂的米粉，是哪一種粉呢？

這裡指的米粉，是梗米（蓬萊米）經水洗後再輾成的細粉。原料和日本的上新粉相同，只是顆粒更為細緻，所以可以當作麵粉的代替品使用。

L'AUBE

香濃玉米蒸麵包

材料（1模份）
使用的模子：17cm×7cm×深6cm的磅蛋糕模

玉米麵包的麵糊
- 蛋　1個
- 砂糖　40g
- 牛奶　30ml
- 低筋麵粉　50g
- 玉米粉　50g
- 發粉　1小匙
- 沙拉油　1大匙

玉米罐頭　50g
沙拉油（塗抹模子之用）　適量

作法

1 準備
在磅蛋糕模內抹上沙拉油。
瀝乾玉米罐頭的湯汁。

2 麵糊
依照p8～9的1～4步驟（把一部分的低筋麵粉換成玉米粉）製作麵糊，加入玉米粒攪拌均勻。

3 蒸熟
把麵糊倒進1的磅蛋糕模，用中火蒸25～35分鐘。

change!
玉米 → 火腿
切末或切成細絲等容易入口的大小後，混入麵糊。

什麼是玉米粉？
將玉米乾燥後，碾製成粒狀。玉米粉顆粒粗細有很大的差異；左邊是顆粒粗的，正中央是顆粒細的，右邊則是粒子最細的粉末狀。顆粒愈細，玉米的風味也愈淡。

味噌黃豆蕎麥粉蒸麵包

蘿蔔乾蕎麥粉蒸麵包

味噌黃豆蕎麥粉蒸麵包

材料（1個份）
使用的模子：12cm×12cm×深6cm的方形模

蕎麥粉的麵糊
- 蛋 1個
- 砂糖 40g
- 牛奶 60ml
- 低筋麵粉 50g
- 蕎麥粉 50g
- 發粉 1小匙
- 沙拉油 1大匙

味噌 1大匙
水煮黃豆（罐頭） 60g

作法

1 準備
把黃豆切成末。將味噌倒入牛奶，攪拌均勻。

2 麵糊
依照p8～9的1～4步驟（把一部分的低筋麵粉換成蕎麥粉、把牛奶換成味噌牛奶）製作麵糊，加入黃豆攪拌均勻。

3 蒸熟
把麵糊倒進裝了紙杯的布丁模，用中火蒸20～25分鐘。

change!

黃豆 → 炒芝麻
在麵糊裡加入2大匙炒芝麻。

蘿蔔乾蕎麥粉蒸麵包

材料（1個份）
使用的模子：12cm×12cm×深6cm的方形模

蕎麥粉的麵糊
- 蛋 1個
- 砂糖 40g
- 牛奶 60ml
- 低筋麵粉 50g
- 蕎麥粉 50g
- 發粉 1小匙
- 沙拉油 1大匙

蘿蔔乾 15g
醃漬野澤菜（日本芥菜） 30g

作法

1 準備
把蘿蔔乾放進水（另外的份量）裡泡開，瀝乾水分後，切成絲。醃漬野澤菜也一樣用水泡開後切絲。

2 麵糊
依照p8～9的1～4步驟（把一部分的低筋麵粉換成蕎麥粉）製作麵糊，加入蘿蔔乾和醃漬野澤菜攪拌均勻。

3 蒸熟
把麵糊倒進裝了紙杯的布丁模，用中火蒸20～25分鐘。

change!

蘿蔔乾 → 羊栖菜
作法和蘿蔔乾一樣，將10g羊栖菜用水泡軟後瀝乾水分，混入麵糊。

蕎麥粉是種什麼樣的粉？
蕎麥粉是磨成粉的蕎麥果實。因為不具黏性，如果用於製作點心，原則上都要摻入一些麵粉。

烤雞丁白玉粉蒸麵包

材料（5個份）
使用的模子：直徑4cm×深度3cm的紙杯8個

白玉粉的麵糊
- 蛋　1個
- 砂糖　40g
- 牛奶　60ml
- 白玉粉　30g
- 低筋麵粉　70g
- 發粉　1小匙
- 沙拉油　1大匙

烤雞（市售的蔥烤雞串或雞肉丸等）　4支

作法

1 準備　把雞肉從竹籤拿下來，切成容易食用的大小。

2 麵糊　把白玉粉倒入碗中，分次加入少量的牛奶攪拌均勻。白玉粉完全溶解後，加入砂糖和蛋混勻。接著加入一起過篩的低筋麵粉和發粉，攪拌均勻後，倒入沙拉油拌勻。

3 蒸熟　把麵糊倒進紙杯，放上適量的烤雞丁，用中火蒸12～15分鐘。

什麼是白玉粉？
將糯米輾成粉後，泡水再乾燥而成的粉類。如果產生較大的結塊，只要加點水就會散開了。

最適合搭配口味單純的蒸麵包！

做法簡單的手工果醬

切片蒸麵包先稍微烤過，
再抹上喜歡的果醬，就是美味可口的早餐！
若搭配以當季新鮮水果製作的手工果醬，
更能襯托出蒸麵包樸質的美味。

材料（容易製作的份量）

草莓　300g
砂糖　150g
檸檬汁　1大匙

作法

1 切掉草莓的蒂頭，將草莓對切成兩半。放入鍋內，撒進砂糖後，輕輕攪拌。接著靜置15～30分鐘，等待草莓出水。

2 將整體攪拌均勻後，以偏弱的中火加熱8～10分鐘。熬煮時同時撈出浮沫等雜質。

3 熬煮的時間到了以後，確認果醬的質地是否如下方照片所示。如果已經變得濃稠適中，關火，加入檸檬汁。

取少量放盤中測試稠度！
取少量果醬在盤中放涼。以盤子傾斜不會迅速滴落的稠度為宜。

Q 為什麼熬煮之前要放置一段時間？

A 因為水果會出水
砂糖具脫水作用。撒上砂糖放置一段時間，水果會釋出水分，所以可不必加水直接熬煮。

Q 可以依照自己的喜好調整甜度嗎？

A 可適度調整。但砂糖量最少不可少於水果重量的35%
砂糖除增添甜味，也有延長保存時間的效果。果醬很難一次吃完，為不使美味變質，砂糖量還是不能降太低。想降低糖度，至少不要讓砂糖量低於水果重量的35%。

Q 保存要注意哪些事項？

A 先裝入乾淨的容器，再放進冰箱冷藏
果醬做好後，最好馬上裝入乾淨容器密封，然後放冰箱冷藏。分次取食時，要用湯匙等乾淨餐具挖取。做好的新鮮果醬在一星期內食用完畢最理想。

PART 3

在水分、砂糖的種類、
配料多下點工夫！

別出心裁的蒸麵包

把牛奶換成果汁，把特級砂糖換成黑糖…。
不過略為更換了基本材料，蒸麵包的味道就變得不一樣。
在添加的食材和調配比例上多花點巧思，
就能讓味道與口感充滿更多的變化。

特級綿柔蒸麵包

材料（3個份）
使用的模子：直徑9cm×深5cm的小陶皿

特級麵糰
- 蛋 1個
- 砂糖 60g
- 牛奶 40ml
- 鮮奶油 40ml
- 低筋麵粉 100g
- 發粉 1小匙
- 奶油 15g

奶油（塗抹在模子之用） 適量

作法

1 準備
在模子裡抹上一層薄薄的軟質奶油。把15g奶油放進耐熱容器，以隔水加熱的方式使其融化（也可以放進微波爐加熱）。

2 麵糊
把蛋打進碗裡，用打蛋器打散後，依序加入砂糖、牛奶、鮮奶油。接著加入一起過篩的低筋麵粉和發粉，最後加入融化的奶油攪拌均勻。

3 蒸熟
把麵糊倒進模子1，用中火蒸12～15分鐘。

奶茶白巧克力
蒸麵包
蕃茄汁蒸麵包

蕃茄汁蒸麵包

材料（2個份）
使用的模子：直徑7cm×深8cm的馬克杯

蕃茄汁麵糊
- 蛋　1個
- 砂糖　40g
- 蕃茄汁　60ml
- 低筋麵粉　100g
- 發粉　1小匙
- 沙拉油　1大匙

沙拉油（塗抹在模子之用）　適量

作法

1 準備　在模子內抹上薄薄一層沙拉油。

2 麵糊　依照p8～9的 1 ～ 4 步驟（把牛奶換成蕃茄汁）製作麵糊。

3 蒸熟　把麵糊倒進模 1 ，用中火蒸12～15分鐘。

change!

蕃茄汁
→ 優格、口味任選的果汁
如果要使用優格，和果汁一樣直接加入麵糊即可。

奶茶白巧克力蒸麵包

材料（2個份）
使用的模子：直徑7cm×深8cm的馬克杯

奶茶麵糊
- 蛋　1個
- 砂糖　40g
- 紅茶茶葉（＊）　4g
- 熱水　50ml
- 牛奶　100ml
- 低筋麵粉　100g
- 發粉　1小匙
- 沙拉油　1大匙

白巧克力　30g
沙拉油（塗抹在模子之用）　適量

作法

1 準備　將熱水和茶葉倒進小鍋，蓋上鍋蓋燜3分鐘。加入牛奶，用小火煮5分鐘後，濾出茶湯，取出剩下的茶葉。將白巧克力切碎。在模子內抹上一層薄薄的沙拉油。

2 麵糊　依照p8～9的 1 ～ 4 步驟（把牛奶換成60ml的奶茶）製作麵糊。加入 1 的茶葉2小匙和白巧克力攪拌均勻。

3 蒸熟　把麵糊倒進模 1 ，用中火蒸12～15分鐘。

＊可以直接使用茶包，比較方便。如果使用一般茶葉，煮出茶湯後再將茶葉切碎。

change!

紅茶的茶葉 → 焙茶
也可以換成喜歡的花草茶。

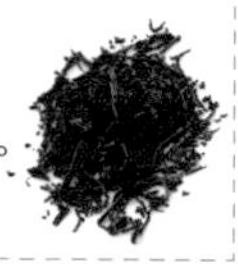

黑砂糖芒果乾蒸麵包

紅糖甘栗蒸麵包

黑糖芒果乾蒸麵包

材料（6個份）
使用的模子：直徑7cm×深2.5cm的鋁杯

黑砂糖麵糊
- 蛋　1個
- 黑砂糖　40g
- 牛奶　60ml
- 低筋麵粉　100g
- 發粉　1小匙
- 沙拉油　1大匙

芒果乾　40g

作法

1 準備　把芒果乾切成細絲。取出少量裝飾用的芒果乾另外放好。

2 麵糊　依照p8～9的1～4步驟（把砂糖換成黑砂糖）製作麵糊，加入芒果乾攪拌均勻。

3 蒸熟　把麵糊倒進鋁杯模，鋪上裝飾用的芒果乾後，用中火蒸12～15分鐘。

change!
芒果乾
→ 核桃、松子、南瓜子
如果用的是生果實，先放進150℃的烤箱烘烤8～10分鐘（核桃的話，烤到中心微微上色）。烤好後切成碎塊，再混入麵糊。

紅糖甘栗蒸麵包

材料（12個份）
使用的模子：直徑5cm×深2cm的鋁杯

紅糖麵糊
- 蛋　1個
- 紅糖　40g
- 醬油　1小匙
- 牛奶　60ml
- 低筋麵粉　100g
- 發粉　1小匙
- 沙拉油　1大匙

甘栗（剝殼）　50g

作法

1 準備　把每顆甘栗切成4塊，但要留下完整的12顆，作為裝飾之用。

2 麵糊　把蛋打進碗裡，用打蛋器打散後，依序加入紅糖、醬油和牛奶。接著加入一起過篩的低筋麵粉和發粉，最後加入沙拉油攪拌均勻。

3 蒸熟　把甘栗等量放入鋁杯後，再倒入麵糊。放上裝飾用的整顆栗子後，用中火蒸12～15分鐘。

change!
甘栗 → 地瓜
把地瓜切成容易食用的大小，以水煮或微波加熱後混入麵糊。

奶油起士蒸麵包

材料（6個份）
使用的模子：直徑7cm×深3cm的矽膠杯模

奶油起士的麵糊
- 蛋　1個
- 砂糖　40g
- 蜂蜜　10g
- 牛奶　40ml
- 奶油起士　50g
- 低筋麵粉　100g
- 發粉　1小匙半
- 沙拉油　1大匙
- 檸檬汁　1小匙

沙拉油（塗抹模子用）　適量

作法

1 準備
在模子內抹上一層薄薄的沙拉油。把奶油起士放入耐熱容器，以微波爐加熱10秒鐘，使其融化。

2 麵糊
把奶油起士倒進碗裡，加入砂糖、蜂蜜仔細攪拌。再分次加入少量蛋液，攪拌均勻。接著倒入牛奶，再加入一起過篩的低筋麵粉和發粉和勻。最後加入沙拉油和檸檬汁攪拌均勻。

3 蒸熟
麵糊倒進模 1 ，用中火蒸12～15分鐘。

change!

奶油起士
→ 艾登起士、帕馬森起士
把奶油起士換成量約1/3的現刨艾登起士，味道更加濃郁。

可可亞棉花糖
蒸麵包

抹茶甘納豆
蒸麵包

抹茶甘納豆蒸麵包

材料（1模份）
使用的模子：直徑12cm×深6cm的圓形模

抹茶麵糊
- 蛋 1個
- 砂糖 40g
- 牛奶 60ml
- 低筋麵粉 100g
- 抹茶 1大匙
- 發粉 1小匙
- 沙拉油 1大匙

甘納豆 40g

作法

1 準備　如果準備的是大粒的甘納豆，先切成容易食用的小塊。

2 麵糊　依照p8～9的1～4步驟（把抹茶和低筋麵粉、發粉一起過篩）製作麵糊。加入甘納豆攪拌均勻。

3 蒸熟　把麵糊倒進鋪了烘焙紙的模子，用中火蒸25～30分鐘。

change!

甘納豆 → 鹽漬櫻花
準備1小匙的鹽漬櫻花，用水把鹽分沖洗乾淨。輕輕瀝乾水分後，切碎加入麵糊。

可可亞棉花糖蒸麵包

材料（1模份）
使用的模子：直徑12cm×深6cm的圓形模

可可亞麵糰
- 蛋 1個
- 砂糖 40g
- 牛奶 60ml
- 低筋麵粉 100g
- 可可粉 1大匙
- 發粉 1小匙
- 沙拉油 1大匙

棉花糖 5個

作法

1 準備　把棉花糖切成小塊。

2 麵糊　依照p8～9的1～4步驟（把可可粉和低筋麵粉、發粉一起過篩）製作麵糊。加入棉花糖攪拌均勻。

3 蒸熟　把麵糊倒進鋪了烘焙紙的模子，用中火蒸25～30分鐘。

change!

棉花糖 → 苦甜巧克力
切碎30g苦甜巧克力，混入麵糊。

豆漿豆腐蒸麵包

材料（2個份）
使用的模子：9cm×9cm×深5cm的容器

豆漿豆腐麵糊
- 豆腐（*） 50g
- 砂糖 40g
- 豆漿 90ml
- 低筋麵粉 100g
- 發粉 1小匙半
- 沙拉油 1大匙

黃豆粉、沙拉油（塗抹模具用） 各適量

作法

1 準備
在模子內抹上一層薄薄的沙拉油。

2 麵糊
用篩網過篩豆腐，同時用碗在下面盛接。接著依序加入砂糖和豆漿攪拌。再倒進一起過篩的低筋麵粉和發粉和勻，最後倒入沙拉油攪拌均勻。

3 蒸熟
把麵糊倒進模1，用中火蒸15～20分鐘，撒上黃豆粉。

*用板豆腐或嫩豆腐都可以。

change!

＋水煮紅豆
把麵糊倒進模子後，在每個模子的正中央各放上1小匙水煮紅豆。

黑糖蜜栗大理石蒸麵包

材料（1模份）
使用的模子：直徑15cm×深4cm的中空模

大理石麵糊
- 蛋　1個
- 砂糖　30g
- 牛奶　60ml
- 低筋麵粉　100g
- 發粉　1小匙
- 沙拉油　1大匙
- 黑糖蜜　10g

糖煮栗子　3粒
奶油　1大匙
砂糖　適量

作法

1 準備
在模子內抹上規定份量的奶油，撒上砂糖。將糖煮栗子切成小塊，灑在模子底部。

2 麵糊
把蛋打進碗內，加入砂糖後，略為打發。接著倒進牛奶，再加入一起過篩的低筋麵粉和發粉。最後加進沙拉油攪拌均勻。

3 蒸熟
把麵糊倒進模1，再均勻地倒入黑糖蜜，用竹籤輕輕攪拌。用中火蒸15～20分鐘。

change!

黑糖蜜 → 焦糖漿
使用市售的現成品比較方便。如果想自己熬煮，不妨煮得稍微硬一點，這樣形成的大理石紋路比較漂亮。

南瓜肉桂
蒸麵包

材料（3個份）
使用的模子：5cm×10cm×深4cm的紙模

蔬菜麵糊
- 蛋　1個
- 砂糖　40g
- 牛奶　50ml（＊）
- 低筋麵粉　100g
- 發粉　1小匙
- 沙拉油　1大匙
- 南瓜　80g

肉桂粉　少許

作法

1 準備
把50g的南瓜（去皮、籽、纖維）放進耐熱容器，鋪上廚房紙巾後，用保鮮膜輕輕包起。以微波爐加熱1～2分鐘後，用叉子搗碎。再把剩下的南瓜切成銀杏形的薄片和骰子狀，當作裝飾之用。

2 麵糊
將搗碎的南瓜放入碗內，依序加入蛋液、砂糖、牛奶和肉桂粉攪拌。接著倒入一起過篩的低筋麵粉和發粉拌勻，最後加入沙拉油攪拌均勻。

3 蒸熟
把麵糊倒進模子，放上裝飾用的南瓜，以中火蒸15～20分鐘。

＊如果步驟1的南瓜用叉子就可以搗得很細，牛奶可酌量減少。

change!

南瓜
→ 菠菜、紅蘿蔔、地瓜、馬鈴薯

將菠菜汆燙後切碎，再混入麵糊。其他蔬菜的處理方式比照南瓜即可。

Bailey Farm
milk

蕃茄醬米飯蒸麵包

材料（5個份）
使用的模子：直徑7cm×深3cm的布丁模

加了白飯的麵糊
- 蛋　1個
- 砂糖　20g
- 牛奶　50ml
- 低筋麵粉　100g
- 發粉　1小匙
- 沙拉油　1大匙

- 白飯　100g
- 青椒　1個
- A
  - 奶油　5g
  - 蕃茄醬　1大匙
  - 鹽、胡椒　各少許

披薩用起士　20g
蕃茄醬　適量

作法

1 準備
把青椒切成粗末，和A一起拌入溫熱的米飯。

2 麵糊
依照p8～9的1～4步驟製作麵糊。加入米飯1攪拌均勻。

3 蒸熟
把麵糊倒進放了紙杯的模子，鋪上等量的起士。用中火蒸12～15分鐘後，擠上裝飾用的蕃茄醬。

change!

蕃茄醬 → 醬油
比照蕃茄醬，把1～2匙醬油混入白飯。

沒有布丁杯模也沒關係！

可以用來製作蒸麵包的各種模子

說到蒸麵包，通常以布丁模製作居多。
不過，只要是耐熱容器，其實都可以當作模子使用，形狀不拘。
若能巧妙應用身邊現有的容器，
你也能創作出獨一無二的可愛蒸麵包喔。

即使只用鍋子也可以蒸！

只要是金屬或陶瓷等材質不會滲水的容器，都可以直接放進裝了熱水的鍋子加熱。

沒有底部的蛋糕模，必需置於鍋內的蒸盤或蒸籠再蒸。

選擇模子的基本原則

- 配合道具（蒸籠、鍋子等）選擇適當材質的模子。
- 如果使用陶瓷或玻璃材質的容器當作模子，先確認耐熱性是否足夠。
- 如果使用非紙類的模子，裡面要鋪上紙杯或是烘培紙，成品較易脫模。
- 如果不在非紙類的模子內鋪上紙杯或烘培紙，可以在模子內抹上一層薄薄的沙拉油。這樣比較容易把蒸麵包從模內取出。

把蒸籠、蒸盤或蒸板放進鍋內就可以蒸了！

如果使用材質容易滲水或很輕的模子，適合用蒸籠或蒸盤。如果用鍋子蒸，比較適合使用蒸板。

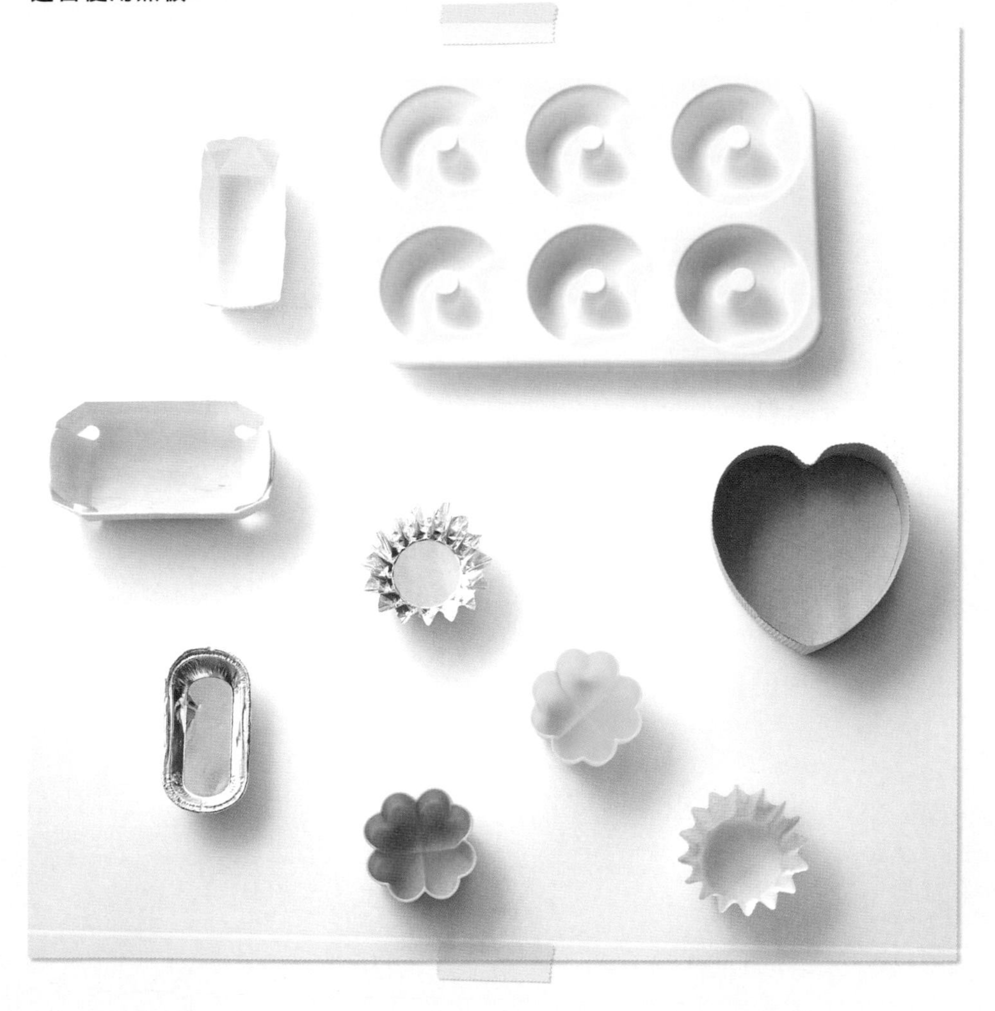

PART 4

先讓麵糊發酵再蒸

用中式包子麵糰來做蒸麵包吧！

在麵糰加了酵母，等到發酵再蒸，

蒸出來的就是中式包子了。

剛蒸好的包子，看起來白泡泡幼咪咪，吃起來風味絕佳。

如果把喜歡的食材包起來或捲起來，口感就更有變化了。

發酵而成的鬆軟麵皮

中式包子麵糰的基本作法

材料（**10**個份）
低筋麵粉　160g
高筋麵粉　90g
砂糖　40g
鹽　少許
乾酵母　1小匙
溫水　100ml
牛奶　30ml
沙拉油　2小匙
發粉　½小匙
手粉用的高筋麵粉、塗抹在碗內的沙拉油　各適量

酵母是什麼？
酵母（Yeast）是用來讓麵糰膨脹的菌種。種類不只一種，本書使用的是最容易使用的「即發乾酵母（Instant Dry Yeast）」。

作法

1
把一起過篩的低筋麵粉、高筋麵粉、砂糖、鹽和酵母倒進碗內，用手輕輕攪拌。

2
把熱水和牛奶混合後，將¾的量倒進碗內。用手仔細攪拌，讓水分充分滲透各處。

3
把剩下的水倒進水分不夠的地方，再倒入沙拉油，用手攪拌。直到麵糰不會附著在碗壁。

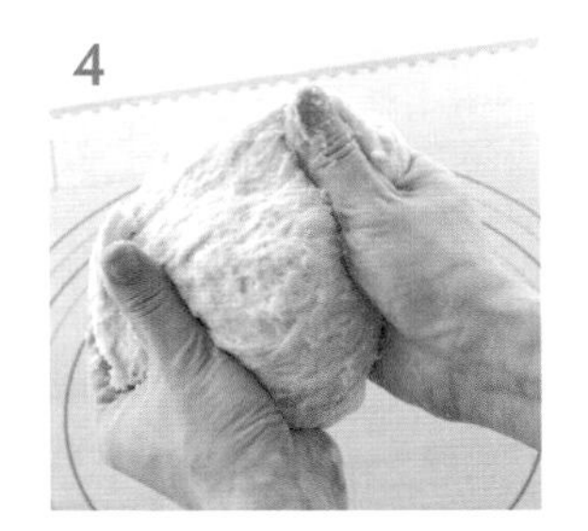
4
將麵糰從碗中取出，以兩手搓揉，直到麵糰的硬度變得一致。

5
將麵糰置放在作業台上，用手搓揉至產生黏性。以虎口壓住麵糰往前，再翻過來拉到自己面前。重複以上動作。

→

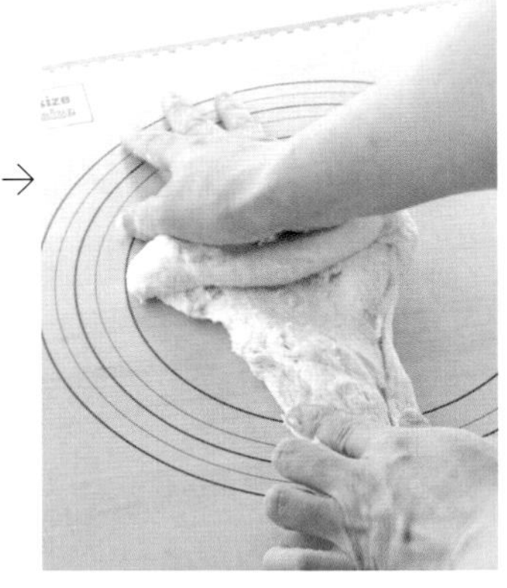
麵糰如果很黏，可以撒些手粉。

6

等到麵糰的黏性消失，先將形狀整理成一大團，再抹上薄薄一層沙拉油，放進碗內。用保鮮膜包好後，放置在室內溫暖之處約30分鐘，使其發酵。

7

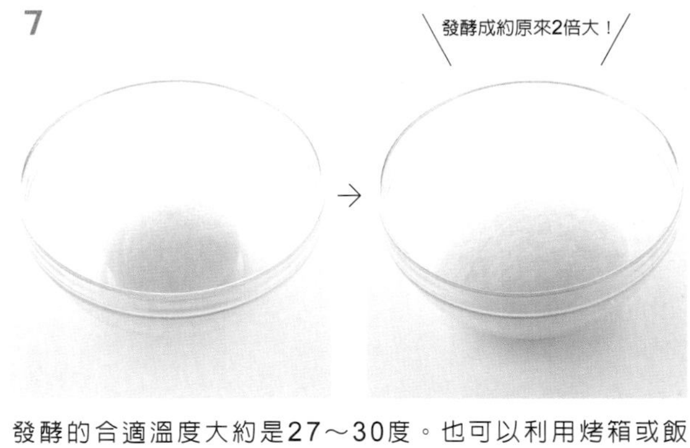

發酵的合適溫度大約是27～30度。也可以利用烤箱或飯鍋的發酵機能。等到麵糰發酵成約原2倍大，代表發酵完成。

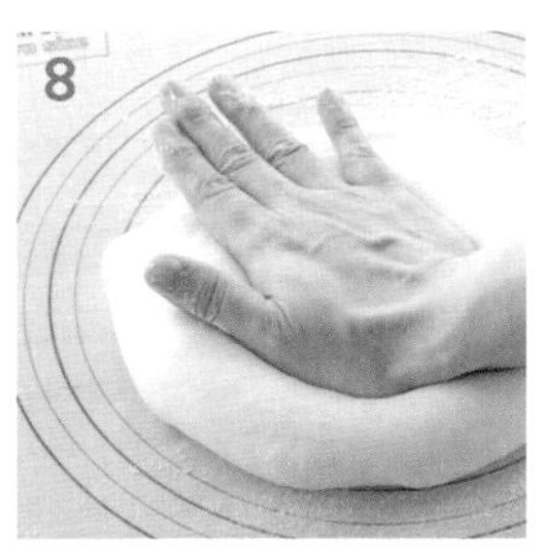

把7移放到撒了手粉的作業台，用手掌壓住麵糰，好排出空氣（＊）。

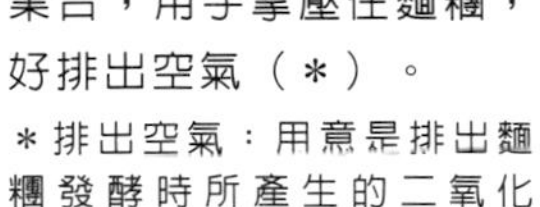

＊排出空氣：用意是排出麵糰發酵時所產生的二氧化碳。

在整塊麵糰均勻地灑上發粉。

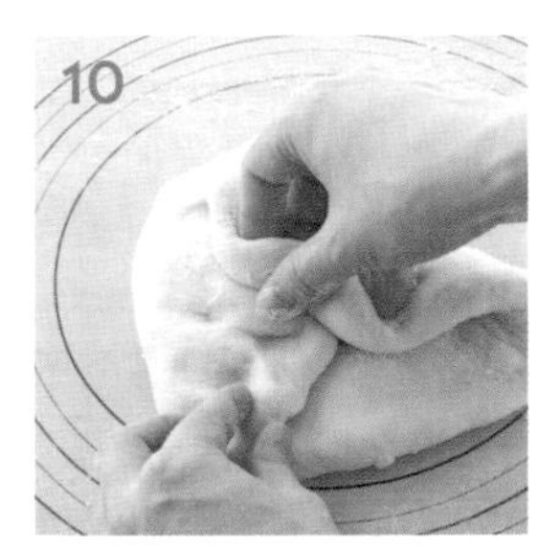

重複揉麵、甩麵的動作，直到麵糰表面出現光澤，變得光滑平整。

將麵糰整理成一大塊，用保鮮膜輕輕包起，醒麵約10分鐘。

基本的中式包子麵糰完成！

下頁開始介紹如何以中式包子麵糰做出更多變化！

三色花捲

材料（3種類×各4個．總計12個份）

基本的中式包子麵糰
- 低筋麵粉 160g
- 高筋麵粉 90g
- 砂糖 40g
- 鹽 少許
- 酵母 1小匙
- 溫水 100ml
- 牛奶 30ml
- 沙拉油 2小匙
- 發粉 ½小匙

手粉用的高筋麵粉 適量

塗抹在碗內和麵糰的沙拉油 適量

作法

1 準備 依照p70～71的步驟1～11製作基本的中式包子麵糰。

2 塑型 將麵糰分成兩塊，並在作業台上撒下手粉，用擀麵棍把麵糰擀成長28cm×寬20cm的長方形。在整塊麵糰抹上一層薄薄的沙拉油，從前往後擀，再分切成10塊。另一半麵糰也比照處理。

3 蒸熟 如右邊照片所示，將麵糰塑形，擺放在鋪了烘焙紙的蒸籠裡。放置在溫暖之處約15分鐘，使麵糰發酵為約原來的兩倍大。再以中火蒸10～15分鐘。

＊如果一次蒸不完，記得在麵糰塑型前放進冰箱冷藏。等到第一批麵糰在蒸的時候再拿出來塑型。

把麵糰的剖面朝上置於作業台，用手掌輕輕壓扁。

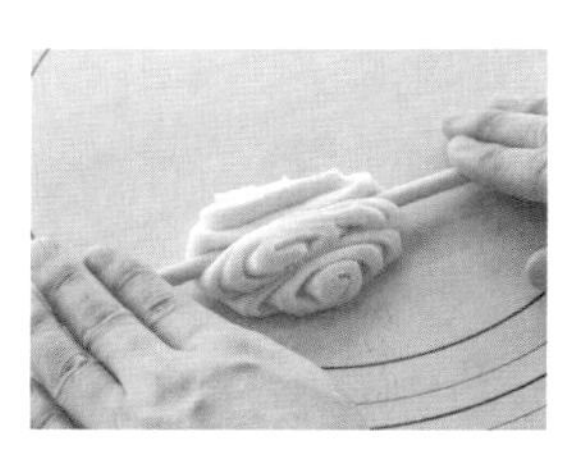

橫放麵糰，在上下各放一塊麵糰，把長筷放在麵糰正中央往下壓。

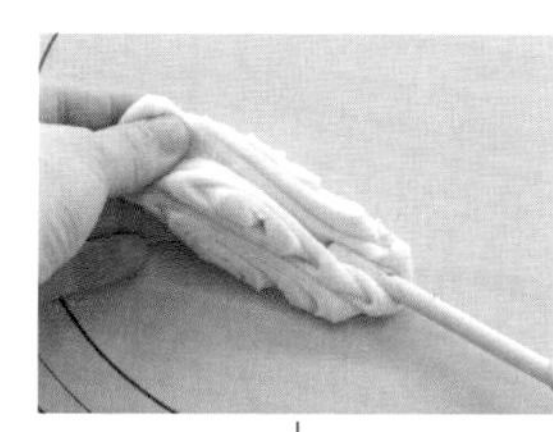

↓

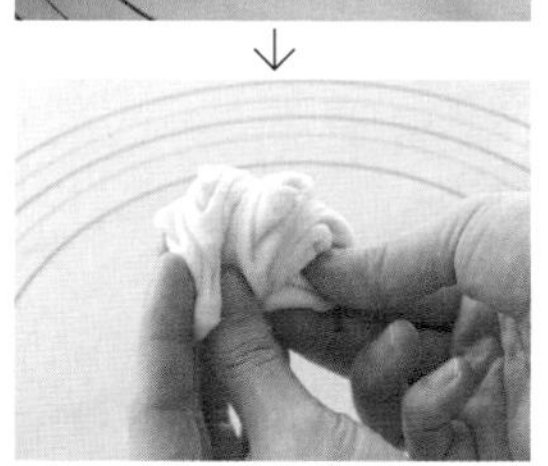

將麵糰剖橫放，上下各疊一塊麵糰，用長筷邊壓邊拉以後，再拉住兩端擰轉。

黑砂糖松子
叉燒長蔥

2種捲心蒸麵包

材料（12個份）

基本的中式包子麵糰
- 低筋麵粉 160g
- 高筋麵粉 90g
- 砂糖 40g
- 鹽 少許
- 酵母 1小匙
- 溫水 100ml
- 牛奶 30ml
- 沙拉油 2小匙
- 發粉 ½小匙

A
- 叉燒 40g
- 長蔥 ¼支

B
- 黑砂糖 2大匙
- 松子 20g

手粉用的高筋麵粉 適量

塗抹在碗內和麵糰的沙拉油 適量

作法

1 準備

把A切成丁。用平底鍋先將松子炒過。依照p70～71的步驟1～11製作基本的中式包子麵糰。

2 塑型

把麵糰分成兩塊，在作業台撒上手粉。用擀麵棍把麵糰擀成長28×寬20cm的長方形。在整塊麵糰抹上薄薄一層沙拉油，撒上叉燒和蔥花，將麵糰捲起。共分切為10等份。剩下的另一半麵糰同樣擀為長方形，但不需塗抹沙拉油，直接捲入黑糖和松子再分切。

3 蒸熟

如p73的照片所示，塑型之後，擺入鋪上烘焙紙的蒸籠。放置在溫暖之處，使其發酵為約原來的兩倍大，用中火蒸10～15分鐘。

change!

叉燒＆長蔥
→ 火腿＆萬能蔥
分別切丁，再捲入麵糰。

黑糖＆松子
→ 肉桂糖＆葡萄乾
如果使用的是大顆葡萄乾，先切得小塊一點再捲入麵糰。

軟綿熱狗捲

材料（10個份）
基本的中式包子麵糰
- 低筋麵粉 160g
- 高筋麵粉 90g
- 砂糖 40g
- 鹽 少許
- 酵母 1小匙
- 溫水 100ml
- 牛奶 30ml
- 沙拉油 2小匙
- 發粉 1小匙半

熱狗（長度約20cm） 10條
手粉用的高筋麵粉 適量
塗抹在碗內的沙拉油 適量

作法

1 準備
依照p70～71的步驟1～11製作基本的中式包子麵糰。

2 塑型
將手粉撒上作業台，把麵糰分成10等份。如照片所示，將每塊麵糰擀成約20cm的棒狀，再裹住熱狗。

3 蒸熟
把捲起熱狗的麵糰放入鋪了烘焙紙的蒸網，置於溫暖處約15分鐘，讓麵糰發酵為約原本的兩倍大。再以中火蒸10～15分鐘。

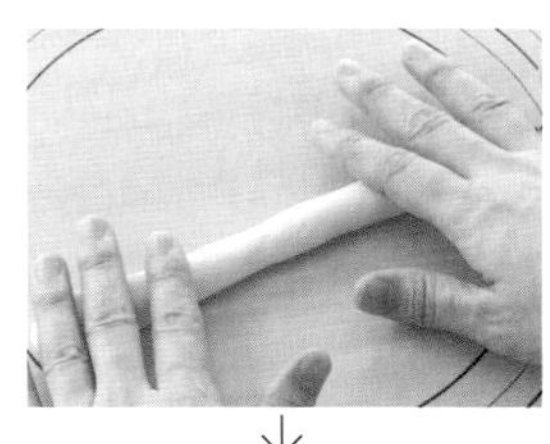

↓

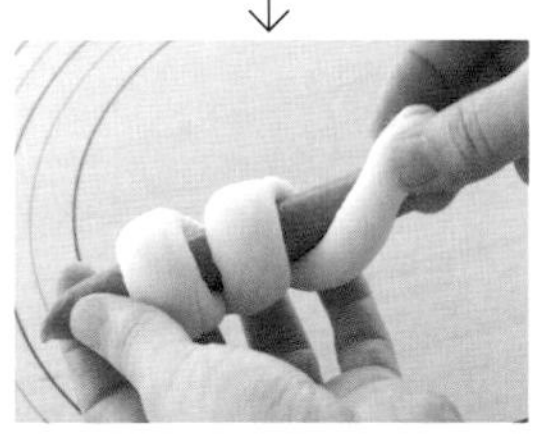

用手將麵糰搓揉成細條狀，再捲上熱狗。捲好後，把麵糰重疊之處拉好。

基本款中式包子～甜餡包＆肉包～

材料（各5個）

基本的中式包子麵糰
- 低筋麵粉　160g
- 高筋麵粉　90g
- 砂糖　40g
- 鹽　少許
- 酵母　1小匙
- 溫水　100ml
- 牛奶　30ml
- 沙拉油　2小匙
- 發粉　½小匙

手粉用的高筋麵粉　適量
塗抹在碗內的沙拉油 適量

[芝麻包]
芝麻餡　150g
麻油　½大匙

[肉包]
豬絞肉　120g
高麗菜（切末）　80g
A
- 長蔥（切末）　¼支（50g）
- 薑（切末）　½塊（8g）
- 蠔油　1小匙半
- 砂糖　1小匙半
- 酒　2又¼小匙
- 醬油、麻油　各⅔小匙
- 鹽、胡椒　少許

作法

1 準備
在高麗菜撒上少許鹽巴，搓揉以後，用水迅速沖洗乾淨，瀝乾。把豬絞肉、高麗菜和A倒進碗內，略微攪拌（不要攪拌至產生黏性）後，放進冰箱冷藏1小時。把麻油倒進芝麻餡裡。依照p70～71的步驟1～11製作基本的中式包子麵糰。

2 塑型
將手粉撒在作業台上，把麵糰擀成約20cm的長條形，再切為10等份。如照片所示，各包5個芝麻包和肉包。

3 蒸熟
把麵糰擺放在鋪了烘焙紙的蒸籠後，連同蒸籠一起放置在溫暖之處約15分鐘，使麵糰發酵為原來的兩倍大。再用中火蒸12～15分鐘。

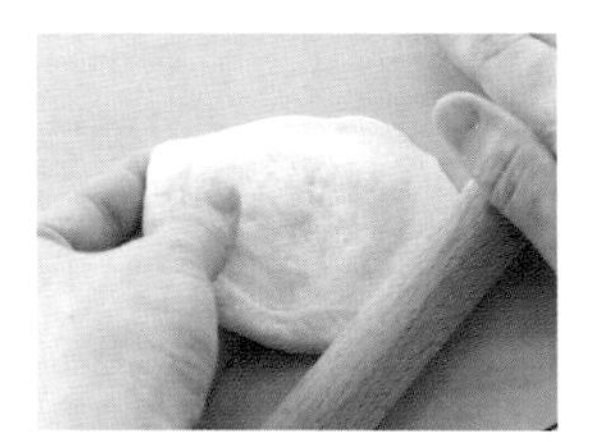

用手掌輕輕壓平分切好的麵糰，再以擀麵棍將麵糰擀成直徑約10cm的圓片。擀麵的時候要讓中央最厚。如果擀不出漂亮的圓形，可以用手把形狀整理好。

包法1
把餡料放在麵皮的正中央，輕輕抓起周圍的麵皮包起來。蒸之前，先把黏合之處朝下放。

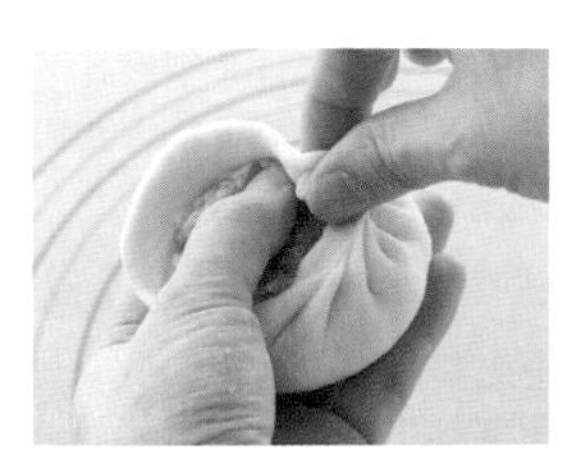

包法2
把餡料放在麵皮的正中央，捏出一圈皺摺再包起來。可以用左手大拇指固定餡料，邊轉邊包。

蝦仁韭菜煎包

材料（20個份）

基本的中式包子麵糰
- 低筋麵粉 160g
- 高筋麵粉 90g
- 砂糖 40g
- 鹽 少許
- 酵母 1小匙
- 溫水 100ml
- 牛奶 30ml
- 沙拉油 2小匙
- 發粉 ½小匙

手粉用的高筋麵粉 適量

塗抹在碗內的沙拉油 適量

剝好殼的蝦子 200g

A
- 豬絞肉 100g
- 鹽、胡椒 各少許
- 酒 2大匙
- 蠔油、麻油 各2小匙
- 韭菜（切末） 80g
- 薑（切末） 2塊

麻油、熱水 各適量

作法

1 準備　將蝦肉剁碎後放入碗中，加入A拌勻，放進冰箱冷藏1小時左右。依照p70～71的步驟1～11製作基本的中式包子麵糰。

2 塑型　將手粉撒在作業台上，把麵糰搓成長條形，再切為20等份。如p79照片所示，將麵糰擀成圓片狀，再包入1。

3 蒸熟　在平底鍋內倒入1大匙麻油，放入2，用手輕輕壓扁。點火加熱，油煎到上色後翻面。接著倒入水¼杯，蓋上鍋蓋，以燜燒的方式煎8分鐘。最後轉大火，讓水分快速蒸發，再以繞圈的方式淋上1小匙麻油。

外脆內軟的麵皮裡，包著滿滿的蝦子韭菜餡！

包好就可以下鍋的迷你蒸麵包

首先依照p70～71的1～11步驟和材料製作基本的中式包子麵糰。接著把麵糰分成20等份，擀成圓形的薄片，再包入以下介紹的食材。最後將包好的麵糰放在溫暖之處發酵15分鐘，再用中火蒸12～15分鐘就完成了。

泡菜＆魷魚絲蒸麵包

把1小匙切成方便食用大小的泡菜和少量魷魚絲包進麵糰。

花生奶油蒸麵包

在麵糰包入1小匙花生醬。

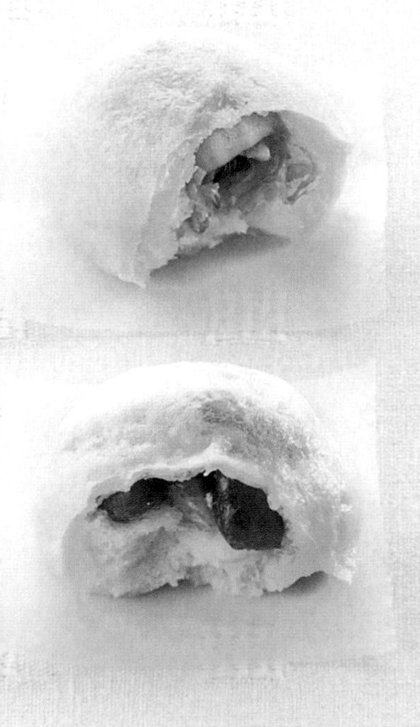

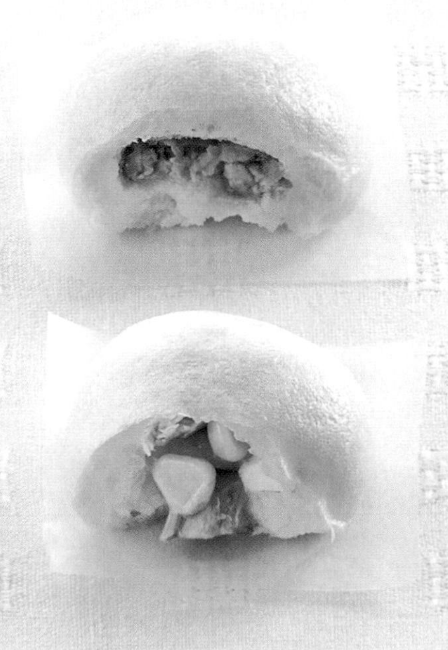

煮豆蒸麵包

在麵糰內包入一小匙水煮紅豆（市售現成品）。

鮪魚玉米蒸麵包

在麵糰內各包入1/2小匙水煮罐頭玉米和鮪魚。

肉丸蒸麵包

在麵糰裡包1個肉丸（市售現成品）。

果醬蒸麵包

在麵糰裡包入1小匙口味任選的果醬。

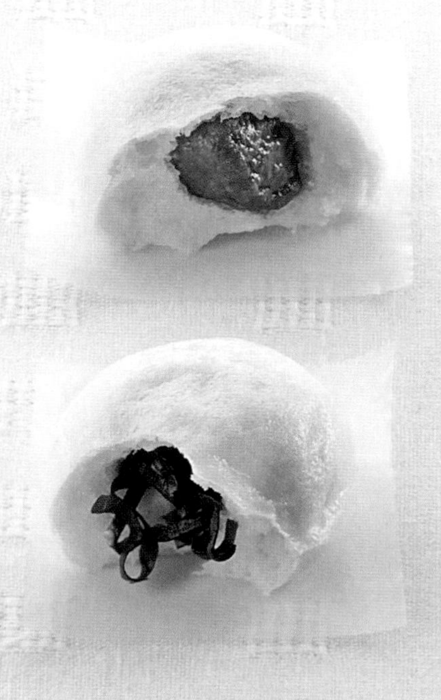

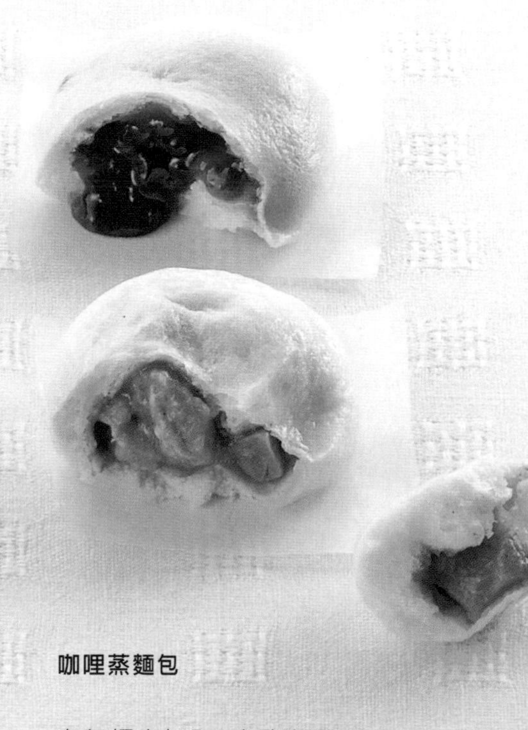

鹽味昆布蒸麵包

在麵糰內包入1小匙鹽味昆布。

咖哩蒸麵包

在麵糰內包入1小匙咖哩。

加熱時間1分半。只要微波爐一按就大功告成了！

微波爐蒸麵包

就是現在！好想馬上吃到熱騰騰的蒸麵包！
遇到這種時候，不妨挑戰用微波爐做蒸麵包。
想要做出漂亮的成品，秘訣是麵皮材料的比例一定要對。
只要這點不出錯，蒸出來的麵包保證美味，讓人驚艷不已。

材料（原味、咖啡各兩個）

使用的模子：直徑10cm×深5CM的容器

蛋　1個
砂糖　30g
低筋麵粉　30g
發粉　½小匙
沙拉油　½大匙
A｜即溶咖啡　½小匙
　｜熱水　¼小匙
沙拉油（塗抹模子之用）　適量

作法

1. 用小容器裝入A，讓即溶咖啡充分溶解。在模子內抹上一層薄薄的沙拉油。

2. 把蛋打進碗內打散，加入砂糖攪拌至稍微打發的程度。接著加入一起過篩的低筋麵粉和發粉，再倒入沙拉油攪拌均勻。把麵糊分成2等分，在其中一部分混入咖啡1。

3. 把麵糊裝入模子，先以微波爐加熱50秒。確認麵糊的膨脹情況，決定是否再加熱20～30秒。

Q 有哪些模子適用呢？

A 請選適用於微波爐的耐熱容器

以微波爐製作蒸麵包時，適用的模子包括可微波加熱的馬克杯等耐熱容器、紙製、矽膠製的容器。金屬材質和木製材質的模子皆不適用。

Q 成功的訣竅？

A 麵糊的份量不要超過模子高度的一半

以微波爐製作蒸麵包的話，因為膨脹的程度會超過用鍋子等容器製作，所以裝入模具的麵糊，份量最多不要超過模子高度的一半。

Q 如何防止受熱不均？

A 放在微波爐內的位置要正確。

如果用的是有轉盤的微波爐，模子要放在轉盤邊緣；沒有轉盤的話，加熱時，應該把模子放在爐內的中央。

PART 5

花點時間裝飾

花式蒸麵包＆
奢華風蒸麵包

一般蒸麵包的口味大多樸實不花俏，
但只要花點工夫，也能變身為華麗的甜點。
若能大膽運用鮮豔的色彩裝飾和充滿成熟風味的造型，
創作的樂趣也會不斷增加！

色彩繽紛的花式蒸麵包

基本的蒸麵包
（參照p8～9）
用湯匙淋上糖霜。

基本的蒸麵包
（參照p8～9）
用刀子把上端挖出一個圓錐形。

可可亞蒸麵包
（參照p56～57）
淋上或擠出線條狀的糖霜。

糖霜的製作方法（容易製作的份量）
把5大匙糖粉倒進碗內，加蛋白1匙半拌勻。
喜歡的話，也可以加點食用色素上色。

基本的蒸麵包

（參照p8～9）

擠上加了砂糖打發的鮮奶油。

可可粉

巧克力餅乾

薄荷葉

可可亞蒸麵包

（參照p56～57）

用湯匙舀上打發得較為鬆散的鮮奶油。

基本的蒸麵包

（參照p8～9）

用刀子把上部挖空成圓錐形，再擠上加了砂糖打發的鮮奶油。

一口蒸麵包

材料（2人份）
原味蒸麵包　1個
可可粉口味蒸麵包（p57）　1個
口味任選的果醬、椰子絲　各適量

作法

1　把椰子絲放進140℃的烤箱烤8～10分鐘，直到略為變色。

2　將蒸麵包切成容易食用的四角形，並在整塊麵包抹上果醬。

3　把椰子絲灑在2上。

＊如果想切出整齊漂亮的四角形，可以用磅蛋糕等方形模製作蒸麵包。

change!

椰子絲
→ 花生、杏仁
把花生或杏仁切成粗粒，撒在蒸麵包上即可。

提拉米蘇風
蒸麵包

材料（1模份）
使用的模子：14cm×11cm×深5cm的容器

原味蒸麵包　1個
A｜即溶咖啡　2g
　｜熱水　50ml
　｜砂糖　20g
　｜（喜歡的話）白蘭地　1小匙
鮮奶油　50ml
砂糖　10g
馬斯卡邦起士　100g
可可粉　適量

作法

1　把撕碎的蒸麵包浸泡在混合好的A，待蒸麵包充分吸收以後，鋪滿整個模子。

2　把鮮奶油和砂糖倒進碗中，再疊放在裝了冰水的碗裡，打發至硬度變得和馬斯卡邦起士差不多。

3　將馬斯卡邦起士放進碗中，加入2攪拌。均勻地蓋在1上後，放進冰箱冷藏，等到享用之前才撒上可可粉。

蒸麵包
披薩吐司

材料（2模份）

使用的模子：12cm×12cm×深6cm的模子

蒸麵包麵糊
- 蛋　1個
- 砂糖　30g
- 牛奶　60ml
- 低筋麵粉　100g
- 發粉　1小匙
- 沙拉油　1大匙

青花椰　2大朵
綠蘆筍　1支
南瓜　5g
甜椒、玉米（水煮）　各適量
火腿　4片
披薩用起士　15g

作法

1 把青花椰分成小朵，再切成兩半；綠蘆筍切成3cm的小段。南瓜和甜椒切成薄片，火腿切丁。

2 依照p8～9的1～4步驟製作麵糊，加入火腿丁攪拌均勻。

3 把麵糊等量倒進放了紙杯的模子，均勻地鋪上五顏六色的蔬菜。用中火蒸15～20分鐘後，脫模，鋪上披薩用起士。放進烤箱烤4～5分鐘，直到起士融化並略呈焦色。

料理・食譜製作

AKEMI・KOMATSUZAKI

料理研究家，並擁有蔬果專家資格（Vegetable&Fruit Master）。畢業於服部營養專業學校之後，歷經同校的調理技術部助理、點心製作教員等職後，轉為自由業。目前正廣泛活躍於廣告、雜誌、書籍等各種媒體。著作包括「飽足沙拉」、「吃飽又吃巧的湯品」（以上皆由日本池田書店出版）、「帥哥便當」（日本主婦與生活社）等。

＼好好吃～／

國家圖書館出版品預行編目（CIP）資料

鬆軟可口！杯子蒸麵包／
AKEMI KOMATSUZAKI 著； 藍嘉楹 翻譯.
-- 初版.-- 臺北市 ：笛藤，2011.04
面； 公分
ISBN 978-957-710-573-8（平裝）
1. 點心食譜 2.麵包
427.16 100005227

鬆軟可口！**杯子蒸麵包** **定價** 260 元

2011年5月10日初版第2刷
著 者：AKEMI KOMATSUZAKI
翻 譯：藍嘉楹
編 輯：賴巧凌
封面・內頁排版：果實文化設計
發 行 所：笛藤出版圖書有限公司
發 行 人：鍾東明
地 址：台北市民生東路二段147巷5弄13號
電 話：(02)2503-7628・(02)2505-7457
傳 真：(02)2502-2090
總 經 銷：聯合發行股份有限公司
地 址：新北市新店區寶橋路235巷6弄6號2樓
電 話：(02)2917-8022・(02)2917-8042
製 版 廠：造極彩色印刷製版股份有限公司
地 址：新北市中和區中山路2段340巷36號
電 話：(02)2240-0333・(02)2248-3904

訂書郵撥帳戶：笛藤出版圖書有限公司
訂書郵撥帳號：0576089-8